U0817109

化妆品监督管理条例

中国法制出版社

目　录

中华人民共和国国务院令

第 727 号

《化妆品监督管理条例》已经 2020 年 1 月 3 日国务院第 77 次常务会议通过，现予公布，自 2021 年 1 月 1 日起施行。

总理　李克强

2020 年 6 月 16 日

化妆品监督管理条例

第一章　总　　则

第一条　为了规范化妆品生产经营活动，加强化妆品监督管理，保证化妆品质量安全，保障消费者健康，促进化妆品产业健康发展，制定本条例。

第二条　在中华人民共和国境内从事化妆品生产经营活动及其监督管理，应当遵守本条例。

第三条　本条例所称化妆品，是指以涂擦、喷洒或者其他类似方法，施用于皮肤、毛发、指甲、口唇等人体表面，以清洁、保护、美化、修饰为目的的日用化学工业产品。

第四条　国家按照风险程度对化妆品、化妆品原料实行分类管理。

化妆品分为特殊化妆品和普通化妆品。国家对特殊化妆品实行注册管理，对普通化妆品实行备案管理。

化妆品原料分为新原料和已使用的原料。国家对风险程度较高的化妆品新原料实行注册管理，对其他化妆品新原料实行备案管理。

第五条 国务院药品监督管理部门负责全国化妆品监督管理工作。国务院有关部门在各自职责范围内负责与化妆品有关的监督管理工作。

县级以上地方人民政府负责药品监督管理的部门负责本行政区域的化妆品监督管理工作。县级以上地方人民政府有关部门在各自职责范围内负责与化妆品有关的监督管理工作。

第六条 化妆品注册人、备案人对化妆品的质量安全和功效宣称负责。

化妆品生产经营者应当依照法律、法规、强制性国家标准、技术规范从事生产经营活动，加强管理，诚信自律，保证化妆品质量安全。

第七条 化妆品行业协会应当加强行业自律，督促引导化妆品生产经营者依法从事生产经营活动，推动行业诚信建设。

第八条 消费者协会和其他消费者组织对违反本

条例规定损害消费者合法权益的行为，依法进行社会监督。

第九条 国家鼓励和支持开展化妆品研究、创新，满足消费者需求，推进化妆品品牌建设，发挥品牌引领作用。国家保护单位和个人开展化妆品研究、创新的合法权益。

国家鼓励和支持化妆品生产经营者采用先进技术和先进管理规范，提高化妆品质量安全水平；鼓励和支持运用现代科学技术，结合我国传统优势项目和特色植物资源研究开发化妆品。

第十条 国家加强化妆品监督管理信息化建设，提高在线政务服务水平，为办理化妆品行政许可、备案提供便利，推进监督管理信息共享。

第二章 原料与产品

第十一条 在我国境内首次使用于化妆品的天然或者人工原料为化妆品新原料。具有防腐、防晒、着色、染发、祛斑美白功能的化妆品新原料，经国务院药品监督管理部门注册后方可使用；其他化妆品新原料应当在使用前向国务院药品监督管理部门备案。国务院药品监督管理部门可以根据科学研究的发展，调整实行注册管理的化妆品新原料的范围，经国务院批准后实施。

第十二条 申请化妆品新原料注册或者进行化妆品新原料备案，应当提交下列资料：

（一）注册申请人、备案人的名称、地址、联系方式；

（二）新原料研制报告；

（三）新原料的制备工艺、稳定性及其质量控制标准等研究资料；

（四）新原料安全评估资料。

注册申请人、备案人应当对所提交资料的真实性、科学性负责。

第十三条 国务院药品监督管理部门应当自受理化妆品新原料注册申请之日起3个工作日内将申请资料转交技术审评机构。技术审评机构应当自收到申请资料之日起90个工作日内完成技术审评，向国务院药品监督管理部门提交审评意见。国务院药品监督管理部门应当自收到审评意见之日起20个工作日内作出决定。对符合要求的，准予注册并发给化妆品新原料注册证；对不符合要求的，不予注册并书面说明理由。

化妆品新原料备案人通过国务院药品监督管理部门在线政务服务平台提交本条例规定的备案资料后即完成备案。

国务院药品监督管理部门应当自化妆品新原料准予注册之日起、备案人提交备案资料之日起5个工作日内向社会公布注册、备案有关信息。

第十四条 经注册、备案的化妆品新原料投入使用后3年内，新原料注册人、备案人应当每年向国务院药品监督管理部门报告新原料的使用和安全情况。对存在安全问题的化妆品新原料，由国务院药品监督管理部门撤销注册或者取消备案。3年期满未发生安全问题的化妆品新原料，纳入国务院药品监督管理部门制定的已使用的化妆品原料目录。

经注册、备案的化妆品新原料纳入已使用的化妆品原料目录前，仍然按照化妆品新原料进行管理。

第十五条 禁止用于化妆品生产的原料目录由国务院药品监督管理部门制定、公布。

第十六条 用于染发、烫发、祛斑美白、防晒、防脱发的化妆品以及宣称新功效的化妆品为特殊化妆品。特殊化妆品以外的化妆品为普通化妆品。

国务院药品监督管理部门根据化妆品的功效宣称、作用部位、产品剂型、使用人群等因素，制定、公布化妆品分类规则和分类目录。

第十七条 特殊化妆品经国务院药品监督管理部门注册后方可生产、进口。国产普通化妆品应当在上市销售前向备案人所在地省、自治区、直辖市人民政府药品监督管理部门备案。进口普通化妆品应当在进口前向国务院药品监督管理部门备案。

第十八条 化妆品注册申请人、备案人应当具备下列条件：

（一）是依法设立的企业或者其他组织；

（二）有与申请注册、进行备案的产品相适应的质量管理体系；

（三）有化妆品不良反应监测与评价能力。

第十九条 申请特殊化妆品注册或者进行普通化妆品备案，应当提交下列资料：

（一）注册申请人、备案人的名称、地址、联系方式；

（二）生产企业的名称、地址、联系方式；

（三）产品名称；

（四）产品配方或者产品全成分；

（五）产品执行的标准；

（六）产品标签样稿；

（七）产品检验报告；

（八）产品安全评估资料。

注册申请人首次申请特殊化妆品注册或者备案人首次进行普通化妆品备案的，应当提交其符合本条例第十八条规定条件的证明资料。申请进口特殊化妆品注册或者进行进口普通化妆品备案的，应当同时提交产品在生产国（地区）已经上市销售的证明文件以及境外生产企业符合化妆品生产质量管理规范的证明资料；专为向我国出口生产、无法提交产品在生产国（地区）已经上市销售的证明文件的，应当提交面向我国消费者开展的相关研究和试验的资料。

注册申请人、备案人应当对所提交资料的真实性、科学性负责。

第二十条 国务院药品监督管理部门依照本条例第十三条第一款规定的化妆品新原料注册审查程序对特殊化妆品注册申请进行审查。对符合要求的，准予注册并发给特殊化妆品注册证；对不符合要求的，不予注册并书面说明理由。已经注册的特殊化妆品在生产工艺、功效宣称等方面发生实质性变化的，注册人应当向原注册部门申请变更注册。

普通化妆品备案人通过国务院药品监督管理部门在线政务服务平台提交本条例规定的备案资料后即完成备案。

省级以上人民政府药品监督管理部门应当自特殊化妆品准予注册之日起、普通化妆品备案人提交备案资料之日起5个工作日内向社会公布注册、备案有关信息。

第二十一条 化妆品新原料和化妆品注册、备案前，注册申请人、备案人应当自行或者委托专业机构开展安全评估。

从事安全评估的人员应当具备化妆品质量安全相关专业知识，并具有5年以上相关专业从业经历。

第二十二条 化妆品的功效宣称应当有充分的科学依据。化妆品注册人、备案人应当在国务院药品监督管理部门规定的专门网站公布功效宣称所依据的文献资料、研究数据或者产品功效评价资料的摘要，接受社会监督。

第二十三条 境外化妆品注册人、备案人应当指定我国境内的企业法人办理化妆品注册、备案，协助开展化妆品不良反应监测、实施产品召回。

第二十四条 特殊化妆品注册证有效期为5年。有效期届满需要延续注册的，应当在有效期届满30个工作日前提出延续注册的申请。除有本条第二款规定情形外，国务院药品监督管理部门应当在特殊化妆品注册证有效期届满前作出准予延续的决定；逾期未作决定的，视为准予延续。

有下列情形之一的，不予延续注册：

（一）注册人未在规定期限内提出延续注册申请；

（二）强制性国家标准、技术规范已经修订，申请延续注册的化妆品不能达到修订后标准、技术规范的要求。

第二十五条 国务院药品监督管理部门负责化妆品强制性国家标准的项目提出、组织起草、征求意见和技术审查。国务院标准化行政部门负责化妆品强制性国家标准的立项、编号和对外通报。

化妆品国家标准文本应当免费向社会公开。

化妆品应当符合强制性国家标准。鼓励企业制定严于强制性国家标准的企业标准。

第三章 生产经营

第二十六条 从事化妆品生产活动，应当具备下列条件：

（一）是依法设立的企业；

（二）有与生产的化妆品相适应的生产场地、环境条件、生产设施设备；

（三）有与生产的化妆品相适应的技术人员；

（四）有能对生产的化妆品进行检验的检验人员和检验设备；

（五）有保证化妆品质量安全的管理制度。

第二十七条 从事化妆品生产活动，应当向所在地省、自治区、直辖市人民政府药品监督管理部门提出申请，提交其符合本条例第二十六条规定条件的证明资料，并对资料的真实性负责。

省、自治区、直辖市人民政府药品监督管理部门应当对申请资料进行审核，对申请人的生产场所进行现场核查，并自受理化妆品生产许可申请之日起30个工作日内作出决定。对符合规定条件的，准予许可并发给化妆品生产许可证；对不符合规定条件的，不予许可并书面说明理由。

化妆品生产许可证有效期为 5 年。有效期届满需要延续的，依照《中华人民共和国行政许可法》的规定办理。

第二十八条 化妆品注册人、备案人可以自行生产化妆品，也可以委托其他企业生产化妆品。

委托生产化妆品的，化妆品注册人、备案人应当委托取得相应化妆品生产许可的企业，并对受委托企业（以下称受托生产企业）的生产活动进行监督，保证其按照法定要求进行生产。受托生产企业应当依照法律、法规、强制性国家标准、技术规范以及合同约定进行生产，对生产活动负责，并接受化妆品注册人、备案人的监督。

第二十九条 化妆品注册人、备案人、受托生产企业应当按照国务院药品监督管理部门制定的化妆品生产质量管理规范的要求组织生产化妆品，建立化妆品生产质量管理体系，建立并执行供应商遴选、原料验收、生产过程及质量控制、设备管理、产品检验及留样等管理制度。

化妆品注册人、备案人、受托生产企业应当按照化妆品注册或者备案资料载明的技术要求生产化妆品。

第三十条 化妆品原料、直接接触化妆品的包装材料应当符合强制性国家标准、技术规范。

不得使用超过使用期限、废弃、回收的化妆品或者化妆品原料生产化妆品。

第三十一条 化妆品注册人、备案人、受托生产企业应当建立并执行原料以及直接接触化妆品的包装材料进货查验记录制度、产品销售记录制度。进货查验记录和产品销售记录应当真实、完整，保证可追溯，保存期限不得少于产品使用期限届满后 1 年；产品使用期限不足 1 年的，记录保存期限不得少于 2 年。

化妆品经出厂检验合格后方可上市销售。

第三十二条 化妆品注册人、备案人、受托生产企业应当设质量安全负责人，承担相应的产品质量安全管理和产品放行职责。

质量安全负责人应当具备化妆品质量安全相关专业知识，并具有 5 年以上化妆品生产或者质量安全管理经验。

第三十三条 化妆品注册人、备案人、受托生产企业应当建立并执行从业人员健康管理制度。患有国务院卫生主管部门规定的有碍化妆品质量安全疾病的人员不得直接从事化妆品生产活动。

第三十四条 化妆品注册人、备案人、受托生产企业应当定期对化妆品生产质量管理规范的执行情况进行自查；生产条件发生变化，不再符合化妆品生产质量管理规范要求的，应当立即采取整改措施；可能影响化妆品质量安全的，应当立即停止生产并向所在地省、自治区、直辖市人民政府药品监督管理部门报告。

第三十五条 化妆品的最小销售单元应当有标签。标签应当符合相关法律、行政法规、强制性国家标准，内容真实、完整、准确。

进口化妆品可以直接使用中文标签，也可以加贴中文标签；加贴中文标签的，中文标签内容应当与原标签内容一致。

第三十六条 化妆品标签应当标注下列内容：

（一）产品名称、特殊化妆品注册证编号；

（二）注册人、备案人、受托生产企业的名称、地址；

（三）化妆品生产许可证编号；

（四）产品执行的标准编号；

（五）全成分；

（六）净含量；

（七）使用期限、使用方法以及必要的安全警示；

（八）法律、行政法规和强制性国家标准规定应当标注的其他内容。

第三十七条　化妆品标签禁止标注下列内容：

（一）明示或者暗示具有医疗作用的内容；

（二）虚假或者引人误解的内容；

（三）违反社会公序良俗的内容；

（四）法律、行政法规禁止标注的其他内容。

第三十八条　化妆品经营者应当建立并执行进货查验记录制度，查验供货者的市场主体登记证明、化妆品注册或者备案情况、产品出厂检验合格证明，如实记录并保存相关凭证。记录和凭证保存期限应当符合本条例第三十一条第一款的规定。

化妆品经营者不得自行配制化妆品。

第三十九条　化妆品生产经营者应当依照有关法

律、法规的规定和化妆品标签标示的要求贮存、运输化妆品，定期检查并及时处理变质或者超过使用期限的化妆品。

第四十条 化妆品集中交易市场开办者、展销会举办者应当审查入场化妆品经营者的市场主体登记证明，承担入场化妆品经营者管理责任，定期对入场化妆品经营者进行检查；发现入场化妆品经营者有违反本条例规定行为的，应当及时制止并报告所在地县级人民政府负责药品监督管理的部门。

第四十一条 电子商务平台经营者应当对平台内化妆品经营者进行实名登记，承担平台内化妆品经营者管理责任，发现平台内化妆品经营者有违反本条例规定行为的，应当及时制止并报告电子商务平台经营者所在地省、自治区、直辖市人民政府药品监督管理部门；发现严重违法行为的，应当立即停止向违法的化妆品经营者提供电子商务平台服务。

平台内化妆品经营者应当全面、真实、准确、及时披露所经营化妆品的信息。

第四十二条 美容美发机构、宾馆等在经营中使用化妆品或者为消费者提供化妆品的，应当履行本条例规定的化妆品经营者义务。

第四十三条 化妆品广告的内容应当真实、合法。

化妆品广告不得明示或者暗示产品具有医疗作用，不得含有虚假或者引人误解的内容，不得欺骗、误导消费者。

第四十四条 化妆品注册人、备案人发现化妆品存在质量缺陷或者其他问题，可能危害人体健康的，应当立即停止生产，召回已经上市销售的化妆品，通知相关化妆品经营者和消费者停止经营、使用，并记录召回和通知情况。化妆品注册人、备案人应当对召回的化妆品采取补救、无害化处理、销毁等措施，并将化妆品召回和处理情况向所在地省、自治区、直辖市人民政府药品监督管理部门报告。

受托生产企业、化妆品经营者发现其生产、经营的化妆品有前款规定情形的，应当立即停止生产、经营，通知相关化妆品注册人、备案人。化妆品注册人、备案人应当立即实施召回。

负责药品监督管理的部门在监督检查中发现化妆品有本条第一款规定情形的，应当通知化妆品注册人、备案人实施召回，通知受托生产企业、化妆品经营者停止生产、经营。

化妆品注册人、备案人实施召回的，受托生产企业、化妆品经营者应当予以配合。

化妆品注册人、备案人、受托生产企业、经营者未依照本条规定实施召回或者停止生产、经营的，负责药品监督管理的部门责令其实施召回或者停止生产、经营。

第四十五条 出入境检验检疫机构依照《中华人民共和国进出口商品检验法》的规定对进口的化妆品实施检验；检验不合格的，不得进口。

进口商应当对拟进口的化妆品是否已经注册或者备案以及是否符合本条例和强制性国家标准、技术规范进行审核；审核不合格的，不得进口。进口商应当如实记录进口化妆品的信息，记录保存期限应当符合本条例第三十一条第一款的规定。

出口的化妆品应当符合进口国（地区）的标准或者合同要求。

第四章 监督管理

第四十六条 负责药品监督管理的部门对化妆品

生产经营进行监督检查时，有权采取下列措施：

（一）进入生产经营场所实施现场检查；

（二）对生产经营的化妆品进行抽样检验；

（三）查阅、复制有关合同、票据、账簿以及其他有关资料；

（四）查封、扣押不符合强制性国家标准、技术规范或者有证据证明可能危害人体健康的化妆品及其原料、直接接触化妆品的包装材料，以及有证据证明用于违法生产经营的工具、设备；

（五）查封违法从事生产经营活动的场所。

第四十七条　负责药品监督管理的部门对化妆品生产经营进行监督检查时，监督检查人员不得少于2人，并应当出示执法证件。监督检查人员对监督检查中知悉的被检查单位的商业秘密，应当依法予以保密。被检查单位对监督检查应当予以配合，不得隐瞒有关情况。

负责药品监督管理的部门应当对监督检查情况和处理结果予以记录，由监督检查人员和被检查单位负责人签字；被检查单位负责人拒绝签字的，应当予以注明。

第四十八条　省级以上人民政府药品监督管理部门应当组织对化妆品进行抽样检验；对举报反映或者日常监督检查中发现问题较多的化妆品，负责药品监督管理的部门可以进行专项抽样检验。

进行抽样检验，应当支付抽取样品的费用，所需费用纳入本级政府预算。

负责药品监督管理的部门应当按照规定及时公布化妆品抽样检验结果。

第四十九条　化妆品检验机构按照国家有关认证认可的规定取得资质认定后，方可从事化妆品检验活动。化妆品检验机构的资质认定条件由国务院药品监督管理部门、国务院市场监督管理部门制定。

化妆品检验规范以及化妆品检验相关标准品管理规定，由国务院药品监督管理部门制定。

第五十条　对可能掺杂掺假或者使用禁止用于化妆品生产的原料生产的化妆品，按照化妆品国家标准规定的检验项目和检验方法无法检验的，国务院药品监督管理部门可以制定补充检验项目和检验方法，用于对化妆品的抽样检验、化妆品质量安全案件调查处理和不良反应调查处置。

第五十一条 对依照本条例规定实施的检验结论有异议的，化妆品生产经营者可以自收到检验结论之日起7个工作日内向实施抽样检验的部门或者其上一级负责药品监督管理的部门提出复检申请，由受理复检申请的部门在复检机构名录中随机确定复检机构进行复检。复检机构出具的复检结论为最终检验结论。复检机构与初检机构不得为同一机构。复检机构名录由国务院药品监督管理部门公布。

第五十二条 国家建立化妆品不良反应监测制度。化妆品注册人、备案人应当监测其上市销售化妆品的不良反应，及时开展评价，按照国务院药品监督管理部门的规定向化妆品不良反应监测机构报告。受托生产企业、化妆品经营者和医疗机构发现可能与使用化妆品有关的不良反应的，应当报告化妆品不良反应监测机构。鼓励其他单位和个人向化妆品不良反应监测机构或者负责药品监督管理的部门报告可能与使用化妆品有关的不良反应。

化妆品不良反应监测机构负责化妆品不良反应信息的收集、分析和评价，并向负责药品监督管理的部门提出处理建议。

化妆品生产经营者应当配合化妆品不良反应监测机构、负责药品监督管理的部门开展化妆品不良反应调查。

化妆品不良反应是指正常使用化妆品所引起的皮肤及其附属器官的病变，以及人体局部或者全身性的损害。

第五十三条 国家建立化妆品安全风险监测和评价制度，对影响化妆品质量安全的风险因素进行监测和评价，为制定化妆品质量安全风险控制措施和标准、开展化妆品抽样检验提供科学依据。

国家化妆品安全风险监测计划由国务院药品监督管理部门制定、发布并组织实施。国家化妆品安全风险监测计划应当明确重点监测的品种、项目和地域等。

国务院药品监督管理部门建立化妆品质量安全风险信息交流机制，组织化妆品生产经营者、检验机构、行业协会、消费者协会以及新闻媒体等就化妆品质量安全风险信息进行交流沟通。

第五十四条 对造成人体伤害或者有证据证明可能危害人体健康的化妆品，负责药品监督管理的部门可以采取责令暂停生产、经营的紧急控制措施，并发布安全警示信息；属于进口化妆品的，国家出入境检验检疫部门可以暂停进口。

第五十五条 根据科学研究的发展，对化妆品、化妆品原料的安全性有认识上的改变的，或者有证据表明化妆品、化妆品原料可能存在缺陷的，省级以上人民政府药品监督管理部门可以责令化妆品、化妆品新原料的注册人、备案人开展安全再评估或者直接组织开展安全再评估。再评估结果表明化妆品、化妆品原料不能保证安全的，由原注册部门撤销注册、备案部门取消备案，由国务院药品监督管理部门将该化妆品原料纳入禁止用于化妆品生产的原料目录，并向社会公布。

第五十六条 负责药品监督管理的部门应当依法及时公布化妆品行政许可、备案、日常监督检查结果、违法行为查处等监督管理信息。公布监督管理信息时，应当保守当事人的商业秘密。

负责药品监督管理的部门应当建立化妆品生产经营者信用档案。对有不良信用记录的化妆品生产经营者，增加监督检查频次；对有严重不良信用记录的生产经营者，按照规定实施联合惩戒。

第五十七条 化妆品生产经营过程中存在安全隐患，未及时采取措施消除的，负责药品监督管理的部门可以对化妆品生产经营者的法定代表人或者主要负责人进行责任约谈。化妆品生产经营者应当立即采取措施，进行整改，消除隐患。责任约谈情况和整改情况应当纳入化妆品生产经营者信用档案。

第五十八条 负责药品监督管理的部门应当公布本部门的网站地址、电子邮件地址或者电话，接受咨询、投诉、举报，并及时答复或者处理。对查证属实的举报，按照国家有关规定给予举报人奖励。

第五章 法律责任

第五十九条 有下列情形之一的，由负责药品监督管理的部门没收违法所得、违法生产经营的化妆品和专门用于违法生产经营的原料、包装材料、工具、设备等物品；违法生产经营的化妆品货值金额不足1万元的，并处5万元以上15万元以下罚款；货值金额1万元以上的，并处货值金额15倍以上30倍以下罚款；情节严重的，责令停产停业、由备案部门取消备案或者由原发证部门吊销化妆品许可证件，10年内不予办理其提出的化妆品备案或者受理其提出的化妆品行政许可申请，对违法单位的法定代表人或者主要负责人、直接负责的主管人员和其他直接责任人员处以其上一年度从本单位取得收入的 3 倍以上 5 倍以下罚款，终身禁止其从事化妆品生产经营活动；构成犯罪的，依法追究刑事责任：

（一）未经许可从事化妆品生产活动，或者化妆品注册人、备案人委托未取得相应化妆品生产许可的企业生产化妆品；

（二）生产经营或者进口未经注册的特殊化妆品；

（三）使用禁止用于化妆品生产的原料、应当注册但未经注册的新原料生产化妆品，在化妆品中非法添加可能危害人体健康的物质，或者使用超过使用期限、废弃、回收的化妆品或者原料生产化妆品。

第六十条 有下列情形之一的，由负责药品监督管理的部门没收违法所得、违法生产经营的化妆品和专门用于违法生产经营的原料、包装材料、工具、设备等物品；违法生产经营的化妆品货值金额不足 1 万元的，并处 1 万元以上 5 万元以下罚款；货值金额 1 万元以上的，并处货值金额 5 倍以上 20 倍以下罚款；

情节严重的，责令停产停业、由备案部门取消备案或者由原发证部门吊销化妆品许可证件，对违法单位的法定代表人或者主要负责人、直接负责的主管人员和其他直接责任人员处以其上一年度从本单位取得收入的1倍以上3倍以下罚款，10年内禁止其从事化妆品生产经营活动；构成犯罪的，依法追究刑事责任：

（一）使用不符合强制性国家标准、技术规范的原料、直接接触化妆品的包装材料，应当备案但未备案的新原料生产化妆品，或者不按照强制性国家标准或者技术规范使用原料；

（二）生产经营不符合强制性国家标准、技术规范或者不符合化妆品注册、备案资料载明的技术要求的化妆品；

（三）未按照化妆品生产质量管理规范的要求组织生产；

（四）更改化妆品使用期限；

（五）化妆品经营者擅自配制化妆品，或者经营变质、超过使用期限的化妆品；

（六）在负责药品监督管理的部门责令其实施召回后拒不召回，或者在负责药品监督管理的部门责令停止或者暂停生产、经营后拒不停止或者暂停生产、经营。

第六十一条 有下列情形之一的，由负责药品监督管理的部门没收违法所得、违法生产经营的化妆品，并可以没收专门用于违法生产经营的原料、包装材料、工具、设备等物品；违法生产经营的化妆品货值金额不足1万元的，并处1万元以上3万元以下罚款；货值金额1万元以上的，并处货值金额3倍以上10倍以下罚款；情节严重的，责令停产停业、由备案部门取消备案或者由原发证部门吊销化妆品许可证件，对违法单位的法定代表人或者主要负责人、直接负责的主管人员和其他直接责任人员处以其上一年度从本单位取得收入的1倍以上2倍以下罚款，5年内禁止其从事化妆品生产经营活动：

（一）上市销售、经营或者进口未备案的普通化妆品；

（二）未依照本条例规定设质量安全负责人；

（三）化妆品注册人、备案人未对受托生产企业的生产活动进行监督；

（四）未依照本条例规定建立并执行从业人员健

康管理制度；

（五）生产经营标签不符合本条例规定的化妆品。

生产经营的化妆品的标签存在瑕疵但不影响质量安全且不会对消费者造成误导的，由负责药品监督管理的部门责令改正；拒不改正的，处2000元以下罚款。

第六十二条 有下列情形之一的，由负责药品监督管理的部门责令改正，给予警告，并处1万元以上3万元以下罚款；情节严重的，责令停产停业，并处3万元以上5万元以下罚款，对违法单位的法定代表人或者主要负责人、直接负责的主管人员和其他直接责任人员处1万元以上3万元以下罚款：

（一）未依照本条例规定公布化妆品功效宣称依据的摘要；

（二）未依照本条例规定建立并执行进货查验记录制度、产品销售记录制度；

（三）未依照本条例规定对化妆品生产质量管理规范的执行情况进行自查；

（四）未依照本条例规定贮存、运输化妆品；

（五）未依照本条例规定监测、报告化妆品不良反应，或者对化妆品不良反应监测机构、负责药品监督管理的部门开展的化妆品不良反应调查不予配合。

进口商未依照本条例规定记录、保存进口化妆品信息的，由出入境检验检疫机构依照前款规定给予处罚。

第六十三条 化妆品新原料注册人、备案人未依照本条例规定报告化妆品新原料使用和安全情况的，由国务院药品监督管理部门责令改正，处 5 万元以上 20 万元以下罚款；情节严重的，吊销化妆品新原料注册证或者取消化妆品新原料备案，并处 20 万元以上 50 万元以下罚款。

第六十四条 在申请化妆品行政许可时提供虚假资料或者采取其他欺骗手段的，不予行政许可，已经取得行政许可的，由作出行政许可决定的部门撤销行政许可，5 年内不受理其提出的化妆品相关许可申请，没收违法所得和已经生产、进口的化妆品；已经生产、进口的化妆品货值金额不足 1 万元的，并处 5 万元以上 15 万元以下罚款；货值金额 1 万元以上的，并处货值金额 15 倍以上 30 倍以下罚款；对违法单位的法定代表人或者主要负责人、直接负责的主管人员和其他直接责任人员处以其上一年度从本单位取得收入的3倍以上5倍以下罚款，终身禁止其从事化妆品生产经营活动。

伪造、变造、出租、出借或者转让化妆品许可证件的，由负责药品监督管理的部门或者原发证部门予以收缴或者吊销，没收违法所得；违法所得不足1万元的，并处5万元以上10万元以下罚款；违法所得1万元以上的，并处违法所得10倍以上20倍以下罚款；构成违反治安管理行为的，由公安机关依法给予治安管理处罚；构成犯罪的，依法追究刑事责任。

第六十五条 备案时提供虚假资料的，由备案部门取消备案，3年内不予办理其提出的该项备案，没收违法所得和已经生产、进口的化妆品；已经生产、进口的化妆品货值金额不足1万元的，并处1万元以上3万元以下罚款；货值金额1万元以上的，并处货值金额3倍以上10倍以下罚款；情节严重的，责令停产停业直至由原发证部门吊销化妆品生产许可证，对违法单位的法定代表人或者主要负责人、直接负责的主管人员和其他直接责任人员处以其上一年度从本单位取得收入的1倍以上2倍以下罚款，5年内禁止其从事化妆品生产经营活动。

已经备案的资料不符合要求的，由备案部门责令限期改正，其中，与化妆品、化妆品新原料安全性有关的备案资料不符合要求的，备案部门可以同时责令暂停销售、使用；逾期不改正的，由备案部门取消备案。

备案部门取消备案后，仍然使用该化妆品新原料生产化妆品或者仍然上市销售、进口该普通化妆品的，分别依照本条例第六十条、第六十一条的规定给予处罚。

第六十六条 化妆品集中交易市场开办者、展销会举办者未依照本条例规定履行审查、检查、制止、报告等管理义务的，由负责药品监督管理的部门处2万元以上10万元以下罚款；情节严重的，责令停业，并处10万元以上50万元以下罚款。

第六十七条 电子商务平台经营者未依照本条例规定履行实名登记、制止、报告、停止提供电子商务平台服务等管理义务的，由省、自治区、直辖市人民政府药品监督管理部门依照《中华人民共和国电子商务法》的规定给予处罚。

第六十八条 化妆品经营者履行了本条例规定的

进货查验记录等义务，有证据证明其不知道所采购的化妆品是不符合强制性国家标准、技术规范或者不符合化妆品注册、备案资料载明的技术要求的，收缴其经营的不符合强制性国家标准、技术规范或者不符合化妆品注册、备案资料载明的技术要求的化妆品，可以免除行政处罚。

第六十九条 化妆品广告违反本条例规定的，依照《中华人民共和国广告法》的规定给予处罚；采用其他方式对化妆品作虚假或者引人误解的宣传的，依照有关法律的规定给予处罚；构成犯罪的，依法追究刑事责任。

第七十条 境外化妆品注册人、备案人指定的在我国境内的企业法人未协助开展化妆品不良反应监测、实施产品召回的，由省、自治区、直辖市人民政府药品监督管理部门责令改正，给予警告，并处2万元以上10万元以下罚款；情节严重的，处10万元以上50万元以下罚款，5年内禁止其法定代表人或者主要负责人、直接负责的主管人员和其他直接责任人员从事化妆品生产经营活动。

境外化妆品注册人、备案人拒不履行依据本条例作出的行政处罚决定的，10 年内禁止其化妆品进口。

第七十一条 化妆品检验机构出具虚假检验报告的，由认证认可监督管理部门吊销检验机构资质证书，10 年内不受理其资质认定申请，没收所收取的检验费用，并处 5 万元以上 10 万元以下罚款；对其法定代表人或者主要负责人、直接负责的主管人员和其他直接责任人员处以其上一年度从本单位取得收入的 1 倍以上 3 倍以下罚款，依法给予或者责令给予降低岗位等级、撤职或者开除的处分，受到开除处分的，10 年内禁止其从事化妆品检验工作；构成犯罪的，依法追究刑事责任。

第七十二条 化妆品技术审评机构、化妆品不良反应监测机构和负责化妆品安全风险监测的机构未依照本条例规定履行职责，致使技术审评、不良反应监测、安全风险监测工作出现重大失误的，由负责药品监督管理的部门责令改正，给予警告，通报批评；造成严重后果的，对其法定代表人或者主要负责人、直接负责的主管人员和其他直接责任人员，依法给予或者责令给予降低岗位等级、撤职或者开除的处分。

第七十三条 化妆品生产经营者、检验机构招用、聘用不得从事化妆品生产经营活动的人员或者不得从事化妆品检验工作的人员从事化妆品生产经营或者检验的，由负责药品监督管理的部门或者其他有关部门责令改正，给予警告；拒不改正的，责令停产停业直至吊销化妆品许可证件、检验机构资质证书。

第七十四条 有下列情形之一，构成违反治安管理行为的，由公安机关依法给予治安管理处罚；构成犯罪的，依法追究刑事责任：

（一）阻碍负责药品监督管理的部门工作人员依法执行职务；

（二）伪造、销毁、隐匿证据或者隐藏、转移、变卖、损毁依法查封、扣押的物品。

第七十五条 负责药品监督管理的部门工作人员违反本条例规定，滥用职权、玩忽职守、徇私舞弊的，依法给予警告、记过或者记大过的处分；造成严重后果的，依法给予降级、撤职或者开除的处分；构成犯罪的，依法追究刑事责任。

第七十六条 违反本条例规定，造成人身、财产或者其他损害的，依法承担赔偿责任。

第六章　附　　则

第七十七条　牙膏参照本条例有关普通化妆品的规定进行管理。牙膏备案人按照国家标准、行业标准进行功效评价后，可以宣称牙膏具有防龋、抑牙菌斑、抗牙本质敏感、减轻牙龈问题等功效。牙膏的具体管理办法由国务院药品监督管理部门拟订，报国务院市场监督管理部门审核、发布。

香皂不适用本条例，但是宣称具有特殊化妆品功效的适用本条例。

第七十八条　对本条例施行前已经注册的用于育发、脱毛、美乳、健美、除臭的化妆品自本条例施行之日起设置 5 年的过渡期，过渡期内可以继续生产、进口、销售，过渡期满后不得生产、进口、销售该化妆品。

第七十九条　本条例所称技术规范，是指尚未制定强制性国家标准、国务院药品监督管理部门结合监督管理工作需要制定的化妆品质量安全补充技术要求。

第八十条　本条例自 2021 年 1 月 1 日起施行。《化妆品卫生监督条例》同时废止。

司法部、市场监管总局、药监局负责人就《化妆品监督管理条例》答记者问

2020 年 6 月 16 日，国务院总理李克强签署第 727 号国务院令，公布《化妆品监督管理条例》（以下简称《条例》）。《条例》自 2021 年 1 月 1 日起施行。日前，司法部、市场监管总局、药监局的负责人就《条例》的有关问题回答了记者提问。

问：请简要介绍一下《条例》的制定背景。

答：党中央、国务院高度重视产品质量监管工作。习近平总书记指出，必须坚持质量第一、效益优先，以供给侧结构性改革为主线，推动经济发展质量变革、效率变革、动力变革。李克强总理强调，强化监督管理，健全质量标准，维护群众健康安全和合法权益。

化妆品是满足人们对美的需求的消费品，直接作用于人体，其质量关系人民群众健康。近年来，我国化妆品产业迅速发展，但也存在行业发展质量和效益不高、创新能力不足、品牌认可度低、非法添加等问题。《化妆品卫生监督条例》施行30年来，在促进化妆品产业健康发展、保障化妆品质量安全方面发挥了积极作用，但已无法适应产业发展和监管实践需要：一是立法理念上重事前审批和政府监管，未能突出企业主体地位和充分发挥市场机制作用；二是监管方式比较粗放，没有体现风险管理、精准管理、全程管理的理念；三是法律责任偏轻。因此，有必要对《化妆品卫生监督条例》进行全面修改，制定新的《化妆品监督管理条例》。

问：请简要介绍一下《条例》的制定过程。

答：2015年6月，原食品药品监管总局向国务院报送了《化妆品监督管理条例（修订草案送审稿）》。原国务院法制办、司法部先后两次征求有关部门、地方人民政府和部分企业、行业协会的意见，并向社会公开征求意见；多次召开座谈会听取企业、行业协会意见；赴上海、浙江实地调研。在此基础上，司法部会同市场监管总局、药监局对送审稿作了反复研究、修改，形成了《化妆品监督管理条例（草案）》。2020年1月3日国务院常务会议审议通过草案，2020年6月16日国务院正式公布《条例》。

问：《条例》的总体思路是什么？

答：《条例》在总体思路上主要把握了以下几点：一是深化“放管服”改革，优化营商环境，激发市场活力，鼓励行业创新，促进行业高质量发展；二是强化企业的质量安全主体责任，加强生产经营全过程管理，严守质量安全底线；三是按照风险管理原则实行分类管理，科学分配监管资源，建立高效监管体系，规范监管行为；四是加大对违法行为的惩处力度，对违法者用重典，将严重违法者逐出市场，为守法者营造良好发展环境。

问：《条例》在优化营商环境、促进产业创新方面作了哪些规定？

答：落实“放管服”改革要求，进一步优化营商环境，促进产业创新发展，是制定《条例》的一个重要目的。为此，《条例》着重完善了以下制度：一是按照风险程度将化妆品分为特殊化妆品和普通化妆品，将化妆品新原料分为具有较高风险的新原料和其他新原料，分别实行注册和备案管理，对产品和原料实行更加科学的监管。二是简化注册、备案流程，优化服务。加强化妆品监管信息化建设，提高在线政务服务水平，为办理注册、备案提供便利；明确注册、备案的资料要求、办理时限，提高透明度和可预期性；简化备案程序，规定通过在线政务平台提交备案资料后即完成备案，避免实践中变相审批。三是鼓励和支持化妆品研究、创新，保护单位和个人开展研究、创新的合法权益，并强调鼓励和支持结合我国传统优势项目和特色植物资源研究开发化妆品。

问：《条例》在保障化妆品质量安全方面作了哪些规定？

答：化妆品的安全风险程度整体不高，但直接作用于人体，关系人民群众身体健康，安全问题不容忽视。为加强化妆品质量管理，《条例》着力完善了以下制度：一是落实企业主体责任。明确注册人、备案人对化妆品的质量安全和功效宣称负责。二是要求注册人、备案人对化妆品和新原料进行安全评估。三是加强生产经营过程管理。要求企业按照化妆品生产质量管理规范组织生产；细化对原料和包装材料使用、进货查验和出厂检验、产品放行、贮存运输等生产经营环节的质量管理要求；规范化妆品标签和广告宣传。四是加强化妆品上市后的质量安全管控。要求注册人、备案人开展不良反应监测，及时评价并报告；对存在问题、可能危害人体健康的化妆品及时召回；实施化妆品和原料的安全再评估制度。

问：《条例》为完善监管措施作了哪些规定？

答：现行《化妆品卫生监督条例》制定于 1989 年，相关监管方式比较粗放，没有体现风险管理、精准管理、全程管理的理念。《条例》完善了以下监管措施，着力提高监管的科学性、有效性、规范性：一是建立化妆品风险监测和评价制度，为科学监管提供依据。二是加强执法规范化建设，规范执法措施和程序。三是丰富监管手段，规定抽样检验、责任约谈、紧急控制、举报奖励等监管措施，授权国务院药品监管部门制定补充检验项目和检验方法。四是加强信息公开和信用惩戒，及时公布监管信息，建立信用档案，对有严重不良信用记录的生产经营者实施联合惩戒。

问：《条例》在法律责任方面作了哪些完善？

答：现行《化妆品卫生监督条例》规定的法律责任较轻。近年来，我国化妆品产业在高速发展的同时，非法添加等违法现象较为突出。为保障公众健康，为守法者营造良好的市场环境，需要加大处罚力度，严厉打击违法行为。《条例》一是细化给予行政处罚的情形，根据违法行为的性质、情节、危害程度，设置严格的法律责任，有过必有罚、过罚相当。二是加大处罚力度，综合运用没收、罚款、责令停产停业、吊销许可证件、市场和行业禁入等处罚措施，大幅提高罚款数额。三是增加"处罚到人"规定，对严重违法单位的法定代表人或主要负责人、直接负责的主管人员和其他直接责任人员处以罚款，一定期限直至终身禁止从事化妆品生产经营活动。

问：对随意夸大化妆品功效的情形，《条例》作了哪些规范？

答：对化妆品功效进行虚假宣称问题比较突出，误导了消费者，扰乱了市场秩序。为治理这一问题，《条例》对化妆品功效宣称确立了以企业自律和社会监督为主，同时政府部门加强事中事后监管的管理模式。一是规定化妆品注册人或者备案人对化妆品的功效宣称负责。二是规定化妆品的功效宣称应当有充分的科学依据，并公开依据摘要，接受社会监督。三是禁止化妆品标签明示或者暗示具有医疗作用，禁止标注虚假或者引人误解的内容，化妆品广告不得以虚假或者引人误解的内容欺骗、误导消费者。四是在法律责任一章规定了相应罚则。

化妆品监督管理条例

HUAZHUANGPIN JIANDU GUANLI TIAOLI

经销/新华书店
印刷/北京海纳百川印刷有限公司
开本/850 毫米 ×1168 毫米　32 开　　印张/1.5　字数/17 千
版次/2020 年 7 月第 1 版　　2022 年 10 月第 7 次印刷

中国法制出版社出版
书号 ISBN 978 - 7 - 5216 - 0848 - 9　　定价：6.00 元

北京西单横二条 2 号
邮政编码 100031　　传真：010 - 66031119
网址：http：//www.zgfzs.com　　**编辑部电话：010 - 66066621**
市场营销部电话：010 - 66033393　　**邮购部电话：010 - 66033288**

（如有印装质量问题，请与本社印务部联系调换。电话：010 - 66032926）